Sitzungsberichte

der

Bayerischen Akademie der Wissenschaften

Mathematisch-naturwissenschaftliche Abteilung

———

Sonderabdruck aus Jahrgang 1929

Kritisch-historische Bemerkungen zur Funktionentheorie

III (mit Nachtrag zu I, II)

von

Alfred Pringsheim

Vorgetragen in der Sitzung am 9. November 1929

München 1929

Verlag der Bayerischen Akademie der Wissenschaften

in Kommission des Verlags R. Oldenbourg München

DRUCKSCHRIFTEN
der
BAYER. AKADEMIE DER WISSENSCHAFTEN
seit 1910.

Die vor 1910 erschienenen Druckschriften sind in dem „Register zu den 50 Jahrgängen der Sitzungsberichte (1860—1910)" und in dem „Register der Abhandlungen, Druckschriften und Reden 1807—1913" zusammengestellt; bezüglich der nach 1910 erschienenen Druckschriften vgl. man auch den Verlagskatalog 1. Nachtrag (1910—1926).
Die mit A. bezeichneten Druckschriften sind in den Abhandlungen erschienen, alle übrigen, mit Ausnahme der gesondert ausgegebenen Festreden, in den Sitzungsberichten.

Baldus, R. Z. Klassifikat. d. eben. u. räuml. Kollineationen. 1928. M. 2.—
Bochner, S. Ueber die Struktur von Fourierreihen fastperiodischer Funktionen. 1928. M. —.80
Carathéodory, C. Zusammenhang d. Theorie d. absol. optisch. Instrumente m. einem Satze d. Variationsrechnung. 1926. M. —.80
Dyck, W. v. Ueber den Verlauf der Integralkurven einer homogenen Differentialgleichung 1. Ordnung. A. XXVI. 1914. M. 2.—
— Neue Apparate zur mechan. Integration. A. XXVI. 1914. M. —.80
— Nova Kepleriana. Wiederaufgefundene Drucke u. Handschriften von Joh. Kepler. I. A. XXV. 1910. M. 2.—, II. A. XXV. 1912. M. 2.—, III. A. XXVIII. 1915. M. 1.—, IV. A. XXXI. 1927. M. 6.—.
Faber, G. Ueber den Hauptsatz aus der Theorie der konformen Abbildung. 1922. M. —.30
— Ueber nach Polynomen fortschreitende Reihen. 1922. M. —.60
— Abschätzung von Funktionen großer Zahlen. 1922. M. —.60
— Beweis, daß unter allen homogenen Membranen von gleicher Fläche und gleicher Spannung die kreisförmige den tiefsten Grundton gibt. 1923. M. —.20
Finsterwalder, S. Flächenteilung m. kürzesten Grenzen. A. XXVIII. 1916. M. 2.—
— Ueb. Flächen, auf denen sich unendlichkleine Kurv. ohne Gestaltsänderung. in allen Richtungen verschieben lassen. 1927. M. —.80
Föppl, A. Lösung d. Spannungsaufg. f. Ausnahmefachwerk. 1915. M. —.40
— Wissenschaft und Technik. Festrede 1920. M. 2.—
Föppl, L. D. Torsion rund. Stäbe v. veränderl. Querschnitt. 1921. M. —.60
— Neue Bemerkungen zur Kirchhoffschen Analogie zwischen Kreisel und elastischer Linie. 1922. M. —.60
— Achsensymmetr. Ausknicken zylindr. Schalen. 1926. M. —.60
— Untersuchungen ebener Spannungszustände mit Hilfe der Doppelbrechung. 1928. M. 1.50
Graf, H. Ueber Geflechte kongruenter od. ähnlich. Kurven. 1928. M. 3.—
Graf, H. und Sauer, R. Ueber dreifache Geradensysteme in der Ebene. welche Dreiecksnetze bilden. 1924. M. 1.—
— — Ueber bes. räuml. Geradenanordnungen derart, daß durch jeden Schnittpunkt gleichviele Gerade gehen. 1926. M. 2.—
Haupt, O. Zur Juelschen Theorie der reellen, ebenen Kurven. 4. Ordnung. 1925. M. —.40
— Ueber einen Satz von E. Steinitz. 1928. M. —.60
Hofmann, J. E. Ueb. Kreispunkte u. Netze v. Krümmungslinien. 1928. M. 1.60
— Ueber algebraische, insbesondere lineare Integrale algebraischer Differentialgleichungen 1. Ordnung 1. Grades. 1928. M. 1.60
Hölder, O. Ueber einige trigonometrische Reihen. 1928. M. 1.—
Kapfer, J. Ueber Isogonalität von Flächen. 1926. M. —.80
— Ueber isogonale Flächen 2. Art. 1927. M. —.60
Kapferer, H. Ueber Resultanten und Resultanten-Systeme. 1929. M. 1.80

Kritisch-historische Bemerkungen zur Funktionentheorie.

Von **Alfred Pringsheim.**

Vorgetragen in der Sitzung am 9. November 1929.

III. Über einen Mittag-Lefflerschen Beweis des Cauchyschen Integralsatzes und einen damit zielverwandten des Herrn Lichtenstein.

(Nebst zwei Nachträgen zu Nr. I und II.)

1. Im 39. Bande der *Acta mathematica* findet sich unter dem Titel „*Die ersten 40 Jahre des Lebens von Weierstraß*" der Abdruck eines Vortrages, den Mittag-Leffler im Jahre 1916 in Stockholm auf dem 4. skandinavischen Mathematiker-Kongreß gehalten hat. Der betreffende Band der *Acta*, der bei Einhaltung der üblichen Anordnung etwa 1917/18 hätte erscheinen müssen, wurde infolge besonderer Umstände erst (nach dem 43ten) im Jahre 1923 herausgebracht, und der Inhalt des obigen Vortrages, nach lediglich flüchtiger Durchsicht bei seinem Erscheinen, erst gegen Anfang 1925 einer genaueren Prüfung von mir unterzogen. Erst da entdeckte ich in einem längeren Exkurs, der sich mit dem Cauchyschen Integralsatz beschäftigt, zu meiner großen Überraschung die folgende Stelle[1]:

„*Man kann auch kaum einer Äußerung von Pringsheim[2] zustimmen:*

„„*Denn wenn auch derselbe erst durch Riemanns Darstellung allgemeine Verbreitung gefunden hat, so läßt sich doch mit unbestreitbarer Sicherheit nachweisen, daß Cauchy bereits fünf Jahre vor dem Erscheinen der Riemannschen Disser-*

---

[1] A. a. O. S. 33.
[2] „*Über den Cauchyschen Integralsatz.*" Dieser Berichte Bd. 25 (1895), S. 43/6.

tation ihn nicht nur gekannt, sondern in der Hauptsache auch publiziert hat" [1]).

Pringsheims Auffassung von Cauchys Priorität ist sicher ganz richtig, aber die Ansicht, daß der Satz erst durch Riemanns Darstellung allgemeine Verbreitung gefunden habe, kann nicht unwidersprochen bleiben."

Obschon das obige, meiner in Fußn. 2 S. 281 erwähnten Arbeit entnommene Zitat Wort für Wort mit dem Original übereinstimmt, so hat es doch dort, wo es hingehört, eine gänzlich verschiedene, der von Mittag-Leffler angenommenen geradezu entgegengesetzte Bedeutung, aus dem einfachen Grunde, weil das (oben durch den Druck hervorgehobene) *„derselbe"* sich gar nicht, wie Mittag-Leffler annimmt, auf den Cauchyschen *Satz* bezieht. Ich schrieb deshalb gegen Anfang Mai 1925 an Mittag-Leffler und erhielt umgehend ein vom 6. Mai 1925 datiertes, sehr liebenswürdiges Antwortschreiben, das mit den folgenden Worten beginnt:

„Ich bedauere sehr, daß ich, wenn ich die betreffende Stelle aus Ihrer Arbeit über den Cauchyschen Satz zitierte, das Wort „derselbe" ganz falsch verstanden habe. Mein Aufsatz wurde auf meinem kleinen Landgut in Darlekarlien geschrieben, wo ich die nötige Literatur nicht zur Hand hatte. Ich werde bei erster Gelegenheit, die hoffentlich schnell kommen wird, meinen Irrtum korrigieren."

Da diese Gelegenheit sich nicht so schnell gefunden zu haben scheint und durch den 1927 erfolgten Tod Mittag-Lefflers endgültig erloschen ist, so möchte ich mir erlauben, das sinnentstellende Mißverständnis selbst zu berichtigen. An der fraglichen Stelle der von Mittag-Leffler zitierten Arbeit (a. a. O. S. 43) erwähne ich den bekannten *Beweis* des Cauchyschen Satzes mit Hilfe der Beziehung:

$$\int P\,dx + Q\,dy = \iint \left(\frac{\partial Q}{\partial x} - \frac{\partial P}{\partial y} \right) dx\,dy \quad .$$

und fahre dann fort: Dieser Beweis ist ziemlich unverändert in

---

[1]) *„Pringsheim scheint hier nur an Cauchys Note vom 3. August 1846 zu denken, aber nicht an seine vorhergehenden Mitteilungen".*

fast alle einschlägigen *deutschen*[1]) Lehrbücher, aber auch in viele *ausländische*[2]) übergegangen und wird *ganz allgemein* ausdrücklich als der „Riemannsche" Beweis des Cauchyschen Satzes bezeichnet; wie mir scheint mit einigem Unrecht. Denn wenn auch *derselbe* (also der *Beweis*, nicht der *Satz*) ... u. s. f., wie das oben angeführte Zitat besagt. Ich reklamiere also diesen angeblich Riemannschen *Beweis* ausdrücklich für Cauchy, statt, wie Mittag-Leffler angibt, Riemann das besondere Verdienst zuzuschreiben, den Cauchyschen *Satz* erst in Deuschland verbreitet zu haben.

2. Die fraglichen Mittag-Lefflerschen Ausführungen über den Cauchyschen Satz enthalten noch verschiedene andere Irrtümer, deren wesentlichsten nebst einem später daran anknüpfenden ich bei dieser Gelegenheit richtig stellen möchte. Nach Erwähnung zweier Beweise von Malmsten und von M. Falk[3]) und des ursprünglichen Goursatschen Beweises[4]) vom Jahre 1884 heißt es a. a. O. auf S. 30:

> „*Auch ich hatte **11 Jahre** früher einen Beweis veröffentlicht*[5])*, der mir durchaus bindend erscheint und der von weniger Voraussetzungen ausgeht als die ersten Beweise. Weierstraß' Beweis*[6])*, wie auch die späteren Beweise von Malmsten und Falk setzen indessen voraus, daß die Funktion unter dem Integralzeichen in einem Gebiete einschließlich des Randes eine*

---

[1]) Vgl. z. B. die Lehrbücher über Funktionentheorie bzw. elliptische oder Abelsche Funktionen von Durège, Thomae, Königsberger, Neumann, sowie die Kompendien der Analysie von Schlömilch, Lipschitz, Harnack.

[2]) Z. B. Houël, Théorie élémentaire des quantités complexes; ebenso: Calcul infinitésimal, T. III. — Hermite, Cours d'Analyse (lithographié), éd. Andoyer. — Casorati, Teorica delle funzioni. — Auch die Kompendien der Analysis von Bertrand, Laurent, welche den fraglichen Beweis ausdrücklich als den Riemannschen anführen.

[3]) Vgl. dieser Berichte Bd. 25 (1895), S. 304, Fußn. 4.

[4]) Ebendas. Fußn. 2.

[5]) Berichte der Stockholmer Akademie 1873. — Deutsche Übersetzung: Göttinger Nachrichten. 1875.

[6]) Von 1840; s. Werke 1, S. 51/66.

stetige Ableitung hat oder daß $\left|\dfrac{f(z+h)-f(z)}{h}-f'(z)\right|$ *überall*

in diesem Bereich beliebig klein ist"[1]).

Im Gegensatz zu der Mittag-Lefflerschen Behauptung hatte ich bereits in meiner von ihm oben zitierten Arbeit von 1895 (s. S. 281, Fußn. 2) darauf hingewiesen[2]), daß sein in den Göttinger Nachrichten von 1875 publizierter Beweis *ohne* Hinzunahme der Voraussetzung, daß $\left|\dfrac{f(z+h)-f(z)}{h}-f'(z)\right|$ mit $h \to 0$ *gleichmäßig* gegen Null konvergieren müsse, *hinfällig* wird. Auf diesen Einwurf kommt nun Mittag-Leffler in dem obigen an mich gerichteten Briefe mit folgenden Worten zurück:

> *„Meinerseits benütze ich die Gelegenheit, Ihre Aufmerksamkeit auf die Note 1, pag. 43*[3]*) in demselben Aufsatz von Ihnen zu lenken, wo Sie von meinem Artikel in Göttinger Nachrichten 1875*[4]*) sprechen. Dieser ist leider eine sehr schlechte Übersetzung des schwedischen Originals von 1873*[5]*). Ich bin dadurch späterhin veranlaßt, eine treuere französische Ausgabe zu publizieren*[6]*), die ich hier beilege, da ich mich nicht erinnere, ob ich sie schon geschickt habe. Wie sie sehen werden, habe ich schon 1873 einen Beweis gegeben, der die Differenzierbarkeit nicht voraussetzt, aber andererseits sich nicht mit dem Goursatschen Beweis deckt.*"

Um auf Grund dieser Mitteilung die angeführte Fußnote eventuell berichtigen zu können, ließ ich mir eigens von einem der deutschen Sprache kundigen schwedischen Mathematiker eine neue, vermutlich ausreichend zuverlässige Übersetzung des schwe-

---

[1]) Der nun folgende Satz: *„In Goursats Beweis fallen diese der Ableitung auferlegten Bedingungen fort"* — beruht auf einer Verwechslung des oben erwähnten ursprünglichen Goursatschen Beweises von 1884 mit dem durch das *„Lemma"* verbesserten von 1900.

[2]) A. a. O. S. 42, Fußn. 1.

[3]) Es müßte wie in der vorigen Fußnote heißen S. 42.

[4]) S. 65—73: „Beweis für den Cauchyschen Satz."

[5]) „Försök till et nytt bevis för en sats inom de definita integralernas teori." Svenska Vet. Akademiens Öfersökt 1873, Nr. 8, p. 35—41.

[6]) „Le théorème de Cauchy sur l'intégrale d'une fonction entre des limites imaginaires." 5. Kongreß der skandinavischen Mathematiker in Helsingfors 1922. Helsingfors 1923, S. 92—97.

dischen Originals von 1873 anfertigen. Von des letzteren Inhalt bietet die deutsche Ausgabe von 1875, wie die Vergleichung zeigte, ungefähr nur die erste Hälfte, aber damit in Wahrheit alles, worauf es ankommt und dieses mit ganz unerheblichen Abweichungen. Um nur die zwei wesentlichsten *beiden* Darstellungen gemeinsamen Merkmale anzuführen:

1) Als *Voraussetzung* für die Gültigkeit des Satzes erscheint (neben der Endlichkeit und Eindeutigkeit von $f(x)$) die *Existenz* einer eindeutigen und endlichen *Derivirten* $f'(x)$.

2) Dagegen *fehlt* gänzlich die Voraussetzung der *gleichmäßigen* Konvergenz gegen Null von $\left| \dfrac{f(x+h)-f(x)}{h} - f'(x) \right|$ bzw. von den Differenzen passend gewählter *Paare von Differenzenquotienten*.

In der von Mittag-Leffler erwähnten *französischen* Publikation von 1923[1]), sowie in der fast gleichzeitig erschienenen *deutschen* Übersetzung[2]) verhalten sich die Dinge genau *umgekehrt:* hier *fehlt* vollständig die obige Voraussetzung 1), wogegen die Voraussetzung 2) in der Form erscheint:

$$(1) \qquad \left| \frac{f(\varrho_1 e^{\vartheta_1 i}) - f(\varrho e^{\vartheta_1 i})}{(\varrho_1 - \varrho) e^{\vartheta_1 i}} - \frac{f(\varrho e^{\vartheta_1 i}) - f(\varrho e^{\vartheta i})}{\varrho (e^{\vartheta_1 i} - e^{\vartheta i})} \right| < \varepsilon$$

gleichmäßig für $|\varrho_1 - \varrho| < \delta$, $|\vartheta_1 - \vartheta| < \delta$, und für *alle* $z = \varrho\, e^{\vartheta i}$ des Bereiches $R_0 \leq \varrho \leq R_1$, $0 \leq \vartheta < 2\pi$. Dabei wird also nicht die *Existenz* und *Gleichheit* der *einzelnen* Differenzenquotienten, sondern lediglich das *gleichmäßige Verschwinden* ihrer *Differenzen* vorausgesetzt und daraus die *Konstanz*, bzw. im Falle $R_0 = 0$ das *Verschwinden* des Integrals $\int f(z)\, dz$, erstreckt über jeden der Kreise $|z| = \varrho$, wo: $R_0 \leq \varrho \leq R_1$, hergeleitet.

Wie man nun aber mit der vorstehenden Gegenüberstellung der beiden Mittag-Lefflerschen Arbeiten von 1873 und 1923 seine unzweideutige, im ersten Absatz der (deutschen) Publikation von 1923 enthaltene Erklärung: es handle sich dabei *„um einen fast wörtlichen Bericht"* über jenen früheren Beweis, in Einklang bringen soll, dürfte nicht ganz leicht erscheinen[3]).

---

1) Siehe Fußn. 6, S. 284.

2) Journal f. Math. 152 (1923), S. 1—5.

3) Der Vollständigkeit halber als eine vereinfachende Abweichung untergeordneterer Art, welche die Publikationen von 1873/5 gegenüber den-

Immerhin wird man selbst bei flüchtiger Durchsicht des Beweisversuches von 1873 kaum übersehen, daß die Voraussetzung
der Existenz von $f'(z)$ *ausschließlich* dazu dient, die *näherungsweise* Gleichheit der paarweise ausgewählten Differenzenquotienten
zu sichern, somit ohne weiteres durch die Voraussetzung dieser
letzteren *ersetzt* werden kann. Und man wird zweitens bei etwas
genauerer Betrachtung leicht als *ausreichend* zur vollständigen
Sicherung der an sich neuen und bemerkenswerten *Beweismethode*
die Nachforderung erkennen, daß jene *Annäherung* der betreffenden
Differenzenquotienten für den in Frage kommenden Bereich *gleichmäßig* zu erfolgen habe. Daß Mittag-Leffler 50 Jahre gebraucht
haben sollte, um zu dieser zwiefachen Erkenntnis zu gelangen,
bedarf wohl keiner ernstlichen Widerlegung. Andererseits darf
man nicht vergessen, daß im Jahre 1873 der Begriff der *gleichmäßigen* Konvergenz und das Bewußtsein der Unentbehrlichkeit
dieses Begriffes noch nicht im entferntesten Gemeingut der Mathematiker geworden war[1]). Hielt doch Weierstraß, dessen Arbeiten
und Vorlesungen in erster Linie zur vollständigen Einbürgerung
jenes Begriffes beigetragen haben, noch im Jahre 1880 es für
notwendig, in einer Fußnote seiner grundlegenden Arbeit „Zur
Funktionenlehre"[2]) ausführlich zu erklären, was man unter der
gleichmäßigen Konvergenz einer Reihe rationaler Funktionen zu verstehen habe. Verbindet man nun mit der zuvor genannten Jahreszahl 1873 die Tatsache, daß Mittag-Leffler im Wintersemester 1874/75 zum ersten Male bei Weierstraß eine Vorlesung (über elliptische Funktionen) hörte und daß er dann sehr
bald aufs engste an die Weierstraßsche Richtung sich anschließend deren strenge Methoden sich vollständig zu eigen
machte, so wird er das, was seinem obigen in der Hauptsache ja
fertigen und durchaus eigenartigen Beweise des Cauchyschen

---

jenigen von 1923 aufweisen, sei erwähnt, daß hier ein System konzentrischer Kreise an die Stelle der dort benützten Schar ineinander geschachtelter
ähnlichen Kurven allgemeineren Charakters getreten ist.

[1]) Man vergleiche z. B. den Beweis des Cauchyschen Satzes bei *Briot
et Bouquet*, Théorie des fonctions elliptiques, 1875, p. 128—132, ja sogar
in der ersten Auflage von Camille Jordan, Cours d'analyse, 1888, p. 275.

[2]) Berliner Monatsber., 6. August 1880, abgedruckt in den „Abhandlungen aus der Funktionenlehre", 1886, S. 70 = Werk 2, S. 202.

Satzes zur Vollkommenheit noch fehlte, sich schon damals ohne jede Schwierigkeit ergänzt haben. Und ich denke, man kann ihm, ohne der historischen Wahrheit im geringsten zu nahe zu treten, das Verdienst nicht absprechen, als *erster* die Idee eines Beweises des Cauchyschen Satzes *ohne* Voraussetzung der *Derivirten-Existenz* konzipirt und mit Erfolg durchgeführt zu haben. Nur wenn man sich (wie mir scheint, mit Unrecht) rigoros an das Publikationsjahr 1923 jenes verbesserten Beweises halten wollte, so müßte man freilich sagen, daß dieser Erfolg damals durch eine schon 13 Jahre früher veröffentlichte Arbeit des Herrn Leon Lichtenstein[1]) nicht nur zeitlich, sondern auch inhaltlich überholt war.

3. In dieser Arbeit wird der Cauchysche Integralsatz mit seiner bekannten Vorstufe, dem Cauchyschen Satz über das Integral eines zweigliedrigen *reellen* Differentials unter einer, der zuletzt besprochenen Mittag-Lefflerschen analogen Voraussetzung bewiesen und zwar zunächst, wie dort, unter der Einschränkung, daß jene Voraussetzung in geeignetem Umfange *gleichmäßig* erfüllt sei (a. a. O., Nr. 1, 2), sodann aber — und das ist das überraschend neue — *ohne* diese Einschränkung (a. a. O., Nr. 3). Dabei ist der fragliche Beweis prinzipiell äußerst einfach: er beruht auf einer scheinbar sehr nahe liegenden und dennoch äußerst glücklich erdachten Erweiterung der zuvor für Cauchy reklamirten Beweismethode mit dem *Doppelintegral*, also der (rückwärts zu lesenden) gewöhnlich nicht recht passend[2]) als Greenschor Satz bezeichneten Formel:

$$(2) \iint\limits_T \left(\frac{\partial Q(x,y)}{\partial x} - \frac{\partial P(x,y)}{\partial y} \right) dx\,dy = \int\limits_{C_+} P(x,y)\,dx + Q(x,y)\,dy,$$

die durch die neueren Beweise, insbesondere den in gewissem Sinne endgültigen Goursatschen stark in den Hintergrund gedrängt, nun wieder zu neuen Ehren gelangt.

---

[1]) Über einige Integrabilitätsbedingungen zweigliedriger Differentialausdrücke mit einer Anwendung auf den Cauchyschen Integralsatz. Sitz.-Ber. Math. Ges. Berlin, Jahrg. IX, 4. Stück (22. Juni 1910), S. 84—100.

[2]) S. z. B. den Voßschen Artikel über Differential- und Integralrechnung in der Enzyklopädie II A, 2: Nr. 45, 47 (S. 113/5).

Dabei bedeutet T einen von einer einfach geschlossenen (im allgemeinsten Falle rektifizierbaren Jordanschen) Kurve C begrenzten Bereich, über welchen das Doppelintegral auszudehnen ist, während das einfache sich in positiver Richtung über die Begrenzung C zu erstrecken hat. Ferner sind $P(xy)$, $Q(xy)$ in T einschließlich des Randes eindeutige und *stetige* Funktionen (der *reellen* Veränderlichen x, y), welche überdies die in T eindeutigen und *stetigen*[1]) partiellen Ableitungen $\dfrac{\partial P(xy)}{\partial y}$, $\dfrac{\partial Q(xy)}{\partial x}$ besitzen.

Setzt man nach Annahme von $\delta < 0$, wie üblich:

$$(3) \qquad \begin{cases} Q(x+\delta, y) - Q(x, y) = \varDelta_x Q(x, y) \\ P(x, y+\delta) - P(x, y) = \varDelta_y P(x, y), \end{cases}$$

so läßt sich Gl. (2) in die Form setzen:

$$(2a) \iint_T \lim_{\delta \to 0} \frac{1}{\delta} (\varDelta_x Q(x, y) - \varDelta_y P(x, y)) = \int_{C_+} P(x, y)\, dx + Q(x, y)\, dy$$

mit dem ausdrücklichen Zusatz, daß die Grenzwerte:

$$(4) \qquad \lim_{\delta \to 0} \frac{1}{\delta} \varDelta_x Q(x, y), \qquad \lim_{\delta \to 0} \frac{1}{\delta} \varDelta_y P(x, y)$$

einzeln existieren und in T *stetig* sind.

Es handelt sich nun darum, die Gültigkeit der Formel (2a) auf den Fall auszudehnen, daß nur die *Existenz des folgenden Grenzwerts:*

$$(5) \qquad \lim_{\delta \to 0} \frac{1}{\delta} (\varDelta_x Q(x, y) - \varDelta_y P(x, y)) = U(x, y)$$

als einer *in T stetigen Funktion* von x, y feststeht.

Das *wesentliche* von Herrn Lichtenstein zur Erreichung dieses Zieles angewendete Hilfsmittel besteht darin, daß er zunächst an Stelle der Formel (2) bzw. (2a) eine analoge herleitet, bei welcher auf der linken Seite die *Reihenfolge* der Differentiation

---

[1]) Wie ich bei früherer Gelegenheit gezeigt habe, s. dieser Berichte Bd. 29 (1899), S. 52/5, genügt für die Gültigkeit der Formel (2) die *Beschränktheit* von $\dfrac{\partial P}{\partial y}$, $\dfrac{\partial Q}{\partial x}$ in T und die *Existenz* der *Doppelintegrale* $\iint \dfrac{\partial Q}{\partial x}\, dx\, dy$, $\iint \dfrac{\partial P}{\partial y}\, dx\, dy$.

(also des Grenzüberganges $\delta \to 0$) und der Integration *vertauscht* erscheint, also die Beziehung:

$$(A) \quad \lim_{\delta \to 0} \frac{1}{\delta} \iint_T (\varDelta_x Q(x,y) - \varDelta_y P(x,y))\, dx\, dy = \int_{C_+} P(x,y)\, dx + Q(x,y)\, dy.$$

Um dann diese Vertauschung wieder *rückgängig* zu machen und auf diese Weise eine direkte *Verallgemeinerung* der „Greenschen" Formel (2) zu gewinnen, also eine Beziehung, die genau das Aussehen von Gl. (2a) besitzt, aber *ohne den Zusatz (4)*, an dessen Stelle lediglich der oben *an den Ausdruck (5) geknüpfte* zu treten hat, genügt die Berufung auf einen im wesentlichen *bereits bekannten* Satz von der Form:

$$(B) \quad \lim_{\delta \to 0} \iint_T U(x, y, \delta)\, dx\, dy = \iint_T \lim_{\delta \to 0} U(x, y, \delta)\, dx\, dy,$$

der also im vorliegenden Falle lauten wird:

$$(6) \quad
\begin{aligned}
&\lim_{\delta \to 0} \frac{1}{\delta} \iint_T (\varDelta_x Q(x, y) - \varDelta_y P(x, y))\, dx\, dy \\
&= \iint_T \lim_{\delta \to 0} \frac{1}{\delta} (\varDelta_x Q(x, y) - \varDelta_y P(x, y))\, dx\, dy
\end{aligned}$$

und durch Kombination mit Satz (A) die gewünschte Beziehung (2a) *ohne die Forderung (4)* ergibt.

Die folgenden Bemerkungen haben lediglich den Zweck, auf die Möglichkeit gewisser Vereinfachungen beim Beweise der beiden Sätze (A) und (B) hinzuweisen.

4. Herr Lichtenstein beweist (a. a. O. S. 90/1) den Satz (A) unter der Voraussetzung, daß der bisher mit T bezeichnete Bereich sich auf ein *Dreieck* reduziert, eine nicht nur ausreichende, sondern auch besonders zweckmäßige Annahme für die schließliche Übertragung des Ergebnisses auf den Fall eines von einer beliebigen rektifizierbaren Jordanschen Kurve begrenzten Bereiches. Ich selbst habe mich bei früheren Gelegenheiten[1]) ausdrücklich für die Bevorzugung dieser Beweisform, insbesondere auch gegenüber derjenigen auf der Grundlage eines zu den Koordinatenaxen parallel gestellten *Rechtecks* eingesetzt. Das schließt indessen nicht

---

[1]) Americ. Math. Soc. Transact. 2 (1901), p. 417/21. — Dieser Berichte Bd. 23 (1904), S. 674/5.

aus, daß man sich gelegentlich dieser letzteren Methode bedient, wenn dadurch eine erhebliche Vereinfachung und entsprechende Erhöhung der Durchsichtigkeit erzielt wird, was mir in dem vorliegenden Falle besonders zuzutreffen scheint. Um dies durch den Augenschein zu bestätigen, möchte ich die obige, wie ich zugebe, reichlich triviale Abänderungsmöglichkeit hier durchführen, indem ich den oben mit (*A*) bezeichneten Satz jetzt folgendermaßen formuliere und beweise:

Sind $P(x, y)$, $Q(x, y)$ eindeutig und stetig in einem gewissen Bereiche T und bedeutet R ein im Innern von T parallel zu den Koordinatenaxen gelegenes Rechteck, so gilt die Beziehung:

$$(A') \qquad \begin{aligned} &\lim_{\delta \to 0} \frac{1}{\delta} \iint_{[R]} (\Delta_x Q(x, y) - \Delta_y P(x, y))\, dx\, dy \\ &= \int_{R_+} P(x, y)\, dx + Q(x, y)\, dy, \end{aligned}$$

wo [R] die Fläche, R_+ den in positiver Richtung zu durchlaufenden Umfang des Rechtecks bedeutet.

Beweis: Sind (x_0, y_0), (x_1, y_1) die äußersten Eckpunkte des Rechtecks, so hat man:

$$\iint_{[R]} \Delta_x Q(x, y)\, dx\, dy == \iint_{[R]} Q(x + \delta, y)\, dx\, dy - \iint_{[R]} Q(x, y)\, dx\, dy$$

$$= \int_{y_0}^{y_1} dy \int_{x_0}^{x_1} Q(x + \delta, y)\, dx - \int_{y_0}^{y_1} dy \int_{x_0}^{x_1} Q(x, y)\, dx$$

und wegen $\int_{x_0}^{x_1} Q(x + \delta, y)\, dx = \int_{x_0 + \delta}^{x_1 + \delta} Q(x, y)\, dx$:

$$\iint_{[R]} \Delta_x Q(x, y)\, dx\, dy = \int_{y_0}^{y_1} dy \int_{x_1}^{x_1 + \delta} Q(x, y)\, dx - \int_{y_0}^{y_1} dy \int_{x_0}^{x_0 + \delta} Q(x, y)\, dx$$

$$= \int_{y_0}^{y_1} dy \int_0^\delta Q(x_1 + x, y)\, dx - \int_{y_0}^{y_1} dy \int_0^\delta Q(x_0 + x, y)\, dx,$$

also durch Anwendung des ersten Mittelwertsatzes auf die inneren Integrale:

$$\iint_{[R]} \Delta_x Q(x, y)\, dx\, dy = \delta \int_{y_0}^{y_1} Q(x_1 + \vartheta_1 \delta, y)\, dy - \delta \int_{y_0}^{y_1} Q(x_0 + \vartheta_0 \delta, y)\, dy,$$

$$\text{wo: } 0 < \begin{Bmatrix} \vartheta_0 \\ \vartheta_1 \end{Bmatrix} < 1.$$

Hieraus durch Multiplikation mit $\frac{1}{\delta}$ und Übergang zu $\delta \to 0$ (bei gleichzeitiger Vertauschung der Grenzen in dem zweiten Integrale und Berücksichtigung des Umstandes, daß die Integranden *stetige* Funktionen von δ):

$$(7) \quad \lim_{\delta \to 0} \frac{1}{\delta} \iint_{[R]} \Delta_x Q(x, y)\, dx\, dy = \int_{y_0}^{y_1} Q(x_1, y)\, dy + \int_{y_1}^{y_0} Q(x_0, y)\, dy.$$

Die beiden Integrale rechts sind die Werte des Integrals $\int Q(x, y)\, dy$ erstreckt über die beiden Vertikalseiten von R, das erste von unten nach oben, das zweite in entgegengesetzter Richtung. Addiert man dazu die in passender Richtung über die Horizontalseiten von R erstreckten, wegen $y = \text{const.}$ *verschwindenden* Integrale, so geht Gl. (7) in die folgende über:

$$(7\,\text{a}) \qquad \lim_{\delta \to 0} \frac{1}{\delta} \iint_{[R]} \Delta_x Q(x, y)\, dx\, dy = \int_{R_+} Q(x, y)\, dy.$$

Vertauscht man jetzt Q mit P und entsprechend $(x + \delta, y)$ mit $(x, y + \delta)$, so folgt, wie aus der Analogie mit Gl. (7) bzw. (7 a) hervorgeht:

$$(8) \quad
\begin{aligned}
\lim_{\delta \to 0} \frac{1}{\delta} \iint_{[R]} \Delta_y P(x, y)\, dx\, dy &= \int_{x_0}^{x_1} P(x, y_0)\, dx + \int_{x_1}^{x_0} P(x, y_0)\, dx \\
&= -\left(\int_{x_0}^{x_1} P(x, y_0)\, dx + \int_{x_1}^{x_0} P(x, y_1)\, dx \right)
\end{aligned}$$

$$(8\,\text{a}) \qquad\qquad = - \int_{R_+} P(x, y)\, dx$$

und, wenn man die letzte Gleichung von Gl. (7 a) subtrahiert, schließlich wie behauptet:

$$(A') \quad \lim_{\delta \to 0} \iint_{[R]} (\Delta_x Q(x,y) - \Delta_y P(x,y))\, dx\, dy = \int_{R_+} P(x,y)\, dx + Q(x,y)\, dy.$$

5. Der vorstehende Satz gestattet zunächst die folgende nützliche Anwendung. Angenommen, es stehe fest, daß:

$$\lim_{\delta \to 0} \frac{1}{\delta} (\Delta_x Q(x, y) - \Delta_y P(x, y)) = 0$$

und zwar *gleichmäßig* für alle (x, y) im Innern und auf dem Rande von R, sodaß also in diesem Umfange zu beliebig kleinen $\varepsilon > 0$:

$$\left| \frac{1}{\delta} \left(\varDelta_x Q\,(x, y) - \varDelta_y P\,(x, y) \right) \right| < \varepsilon \quad \text{etwa für} \quad \delta < \delta_\varepsilon.$$

Alsdann findet man:

$$\left| \frac{1}{\delta} \iint_{[R]} \left(\varDelta_x Q\,(x, y) - \varDelta_y P\,(x\,y) \right) dx\,dy \right| < \varepsilon \iint_{[R]} dx\,dy = \varepsilon \cdot [R],$$

somit:

$$\lim_{\delta \to 0} \frac{1}{\delta} \iint_{[R]} \left(\varDelta_x Q\,(x, y) - \varDelta_y P\,(x, y)\,dx\,dy = 0.$$

und daher nach Satz (A') der vorigen Nummer:

$$\int_{R_+} P\,(x, y)\,dx + Q\,(x, y)\,dy = 0,$$

d. h. es ergibt sich auf diese Weise, *ohne* den Weg über den *allgemeinen* Satz (B) zu nehmen, der am Anfang unserer Nr. 3 bereits erwähnte, von Herrn Lichtenstein in seiner Nr. 1 separat bewiesene *Spezialsatz* für das Integral eines zweigliedrigen reellen Differentials. Daraus läßt sich (genau, wie dort unter Nr. 2 gezeigt wird, auf Grund der Tatsache, daß der Satz (A') und die soeben daraus gezogene Folgerung gültig bleibt, wenn man unter $P\,(x, y)$, $Q\,(x, y)$ *komplexe* Funktionen der reellen Veränderlichen x, y versteht) vermittelst der Substitution: $x + yi = z$, $P\,(x, y) = f(z)$, $Q\,(x, y) = i \cdot f(z)$ und den daraus resultierenden Beziehungen:

$$\varDelta_x Q\,(x, y) - \varDelta_y P\,(x, y) = i\,\varDelta_x f(z) - \varDelta_y f(z),$$
$$\text{wo} \begin{cases} \varDelta_x f(z) = f(z + \delta) - f(z) \\ \varDelta_y f(z) = f(z + i\delta) - f(z), \end{cases}$$

erschließen, daß:

$$\int_{R_+} f(z)\,dz = 0,$$

wenn *gleichmäßig* in R:

$$\lim_{\delta \to 0} \frac{1}{\delta} \left(i\,\varDelta_x f(z) - \varDelta_y f(z) \right) = 0,$$

also der Cauchysche Integralsatz *ohne* Voraussetzung der *Differenzierbarkeit* von $f(z)$ — ein Ergebnis, das sich genau mit demjenigen deckt, dessen Priorität oben **Mittag-Leffler** zugeschrieben wurde (abgesehen von dem prinzipiell nicht ins Gewicht fallenden Unterschiede, daß dort die Differenzenquotienten in Bezug auf ϱ und $e^{\vartheta i}$, also radial und längs einer Kreisbahn[1]), hier in Bezug auf x und y, also geradlinig in zwei zueinander senkrechten Richtungen gebildet werden).

6. Der am Ende von Nr. 4 angeführte, mit (B) bezeichnete Satz kann zunächst, wenn wir mit δ_n $(n = 1, 2, 3, \ldots)$ irgendeine und zwar jede beliebige monoton der *Null* zustrebende Folge positiver Zahlen bezeichnen und zugleich wieder als Bereich T das Rechteck $[R]$ wählen, in die Form gesetzt werden:

$$\lim_{n \to \infty} \iint_{[R]} U(x, y, \delta_n)\, dx\, dy = \iint_{[R]} \lim_{n \to \infty} U(x, y, \delta_n)\, dx\, dy$$

und geht durch Einführung der Bezeichnung:

$$U(x, y, \delta_n) = U_n(x, y)$$

in den folgenden über:

$$\lim_{n \to \infty} \iint_{[R]} U_n(x, y)\, dx\, dy = \iint_{[R]} \lim_{n \to \infty} U_n(x, y)\, dx\, dy.$$

Bezüglich der Gültigkeit dieser Beziehung unter der Voraussetzung, daß sowohl jedes einzelne $U_n(x, y)$, als auch $\lim_{n \to \infty} U_n(x, y)$ $= U(x, y)$ in $[R]$ (einschließlich des Randes) *stetig* und die *Folge* der $U_n(x, y)$ daselbst *beschränkt*[2]) ist, beruft sich Herr **Lichtenstein** auf den von Herrn **Osgood**[3]) unter analogen Voraus-

---

[1]) Übrigens habe ich ein mit dem **Mittag-Leffler**schen äquivalentes Ergebnis im Anschluß an meine Mittelwertmethode bereits 1895 einwandfrei hergeleitet. Allerdings wird dabei die *gleichmäßige Differenzierbarkeit* von $f(z)$ vorausgesetzt: dies geschieht aber nur, um die Funktionsklasse, für welche das Resultat gelten soll, mit einem kurzen Schlagwort charakterisieren zu können. *Benützt* wird von dieser Voraussetzung ausschließlich eine *Ungleichung*, wie sie hier auf S. 285 mit (1) bezeichnet wurde: Math. Ann. 47 (1896), S. 146, die Ungleichung hinter Ungl. (7). (Vgl. auch meine „Vorlesungen über Funktionenlehre" S. 382, Ungl. (5).)

[2]) Ich verstehe hierunter dasjenige, was leider die meisten Mathematiker wenig passend als „gleichmäßig" beschränkt bezeichnen. (Vgl. meine „Vorlesungen über Funktionenlehre", S. 294, Fußnote.)

[3]) „Non uniform convergence and the integration of series term by term." Americ. Journ. of Math. 19 (1897), p. 155–190. — Übrigens ist der betreffende Satz, wie Herr **von Pidoll** bemerkt hat (Math. Zeitschr. 8 [1920],

setzungen für *einfache* Integrale von Funktionen *einer* reellen Veränderlichen bewiesenen Satz:

$$(C) \qquad \lim_{n \to \infty} \int_{x_0}^{x_1} U_n(x)\, dx = \int_{x_0}^{x_1} \lim_{n \to \infty} U_n(x)\, dx$$

und dessen Übertragbarkeit auf den vorliegenden Fall. Da der
Beweis (a. a. O. S. 173—182) ziemlich umfangreich und kaum
verständlich ist ohne das Studium eines ansehnlichen Teils der
vorhergehenden Auseinandersetzungen (S. 155—173), so erscheint
es vielleicht nicht überflüssig, darauf hinzuweisen, daß in der
Zwischenzeit wesentlich einfachere und kürzere Beweise des Satzes
(C) erschienen sind, der kürzeste, sogar noch unter etwas erwei-
terten (in dem vorliegenden Zusammenhange übrigens nicht in
Betracht kommenden) Voraussetzungen (*Integrierbarkeit* statt *Stetig-
keit* von $U_n(x)$, $U(x)$) von Herrn Landau[1], mit folgendem
Wortlaut:

> *Wenn die $f_n(x)$ eine in $a \leq x \leq b$ gleichmäßig beschränkte
> Folge von Funktionen sind, für welche der $\lim f_n(x) = f(x)$
> existiert, und wenn sowohl die $f_n(x)$ als auch $f(x)$ von a bis
> b im Riemannschen Sinne integrabel sind, so gilt:*

$$\int_a^b f(x)\, dx = \lim_{n \to \infty} \int_a^b f_n(x)\, dx.$$

Herr Landau beruft sich dabei auf einen schon 1885 von
Arzelà bewiesenen Satz[2]. Einen wesentlich einfacheren und
kürzeren Beweis dieses für den obigen Integralbeweis grundlegenden Hilfssatzes (bei Arzelà ausdrücklich als „Lemma fon-
damentale" bezeichnet) hat Herr Hartogs gegeben[3], und zwar
formuliert er den letzteren folgendermaßen:

> „*Es sei S eine endliche geradlinige Strecke, und es mögen
> $S_1, S_2, \ldots$ Teile von S bedeuten, deren jeder aus einer end-*

S. 209, Fußnote), schon viel früher von Arzelà und zwar einschließlich der
späteren Landauschen Verallgemeinerung (s. unten) bewiesen worden:
Rendic. Accad. Lincei (4) 1 [1885], p. 532—540.

[1] Math. Zeitschr. 2 (1918) S. 350/1.

[2] Rend. Acc. Lincei (4) 1, p. 262—267, auch: Mem. Acc. Bologna (1899),
p. 130—134.

[3] Gratulationsschrift zum 50jährigen Doktorjubiläum von Hermann
Amandus Schwarz, S. 55—57.

*lichen Anzahl einander nicht überdeckender Teilstrecken von S
besteht. (Die Endpunkte jeder einzelnen Teilstrecke dürfen nach
Belieben als zu S gehörig oder nicht gehörig betrachtet werden.)
Gibt es alsdann keinen Punkt, welcher unendlich vielen S_ν angehört, so konvergiert die Gesamtlänge l_ν von S_ν mit wachsendem
ν gegen 0.*

Herr Hartogs fügt hinzu (was ja für den hier vorliegenden
Zusammenhang nicht unwesentlich erscheint), daß sein Beweis unmittelbar auf den Fall von *mehr als einer Dimension* übertragbar
sei: es habe dann z. B. ein *Rechteck*, $S_1, S_2, \ldots$ Teile von S zu
bedeuten, deren jeder aus einer endlichen Zahl einander nicht
überdeckender Teilrechtecke von S besteht, mit Seiten, welche
denen von S parallel sind.

Nachtrag zu Nr. I dieser Bemerkungen[1]).

In meiner Polemik gegen die überhandnehmende Gepflogen-
heit, beliebige Sätze schlagwortartig mit dem Namen ihrer prä-
sumtiven Entdecker zu kennzeichnen, habe ich in der Meinung,
damit ein recht drastisches Beispiel einer verfehlten Satztaufe zu
geben, den sowohl in Herrn Bieberbachs Enzyklopädie-Artikel[2]),
als auch im zweiten Bande seiner „Funktionentheorie"[3]) in großer
Aufmachung auftretenden *„Satz von Wigert"* angeführt[4]). Da ich
den mir längst bekannten Satz aus ganz anderer Quelle bezogen
hatte (wovon weiter unten noch die Rede sein wird), anderseits
der Name Wigert mir bisher fremd geblieben war, so hatte ich
versucht, bei meinen verschiedenen, literarisch sehr bewanderten
Kollegen irgendwelche nähere Auskunft über dessen Träger zu
erhalten, und da sich dies als völlig vergeblich erwies, so ließ ich
mich in dem obigen Zusammenhang zu der unvorsichtigen Äußerung verleiten: „Wigert? Bisher ein in den weitesten Kreisen
unbekannter Name!"

----

1) Jahrgang 1928, S. 343—358.
2) II C 4, S. 467.
3) S. 258, § 3.
4) A. a. O., S. 350, Fußn. 2.

Dem gegenüber teilte mir Herr Landau mit, daß er und die Autoritäten der in Betracht kommenden Gebiete die Wigertschen Arbeiten in der Analysis und analytischen Zahlentheorie seit mehreren Jahrzehnten außerordentlich hoch schätzen, und führte zur Bekräftigung dieser Aussage zwei Zitate aus Arbeiten von Herrn Hardy an, in denen dieser mit hoher Anerkennung von den durch Wigerts Arbeiten empfangenen Anregungen spricht. Des weiteren verdanke ich Herrn Landau die Mitteilung, daß Herr Wigert seit Jahrzehnten als Privatgelehrter (ich denke in Stockholm) gelebt, niemals eine Professur bekleidet hat, dagegen erst kürzlich Dozent an der Universität Stockholm geworden ist. Zieht man diese Äußerlichkeiten in Betracht, zu denen noch dazukommt, daß Herr Wigert nie einer der bekannten Mathematiker-Vereinigungen angehört hat, also in deren Mitgliederverzeichnissen nie zu finden war, berücksichtigt ferner, daß er ausschließlich in schwedischen Zeitschriften publiziert zu haben scheint und daß seine Hauptarbeiten auf das von verhältnismäßig wenig zahlreichen Mathematikern kultivierte Gebiet der analytischen Zahlentheorie sich erstrecken, so wird man wohl kaum die Annahme von der Hand weisen, daß sein Name wenigstens in recht weiten mathematischen Kreisen unbekannt geblieben sein dürfte. Was mich aber nicht hindern soll, zuzugestehen, daß meine oben angeführte Äußerung auf unzulänglichen Informationen beruhte und daß ich daher keinen Anstand nehme, mein aufrichtiges Bedauern darüber und über die daraus erwachsene Form meiner Fußnote auszusprechen. Und damit das versöhnliche Ende nicht fehle, so hat wieder einmal ein Teil jener Kraft, die das Böse wollte, das Gute geschaffen, indem nämlich gerade mein Versehen dazu beigetragen haben dürfte, die Verdienste des Herrn Wigert erst in weiteren Kreisen bekannt zu machen.

Im übrigen erleiden hierdurch meine prinzipiellen Einwendungen gegen die Benennung des fraglichen Satzes (einer notwendigen und hinreichenden Bedingung dafür, daß die Reihe

$$f(z) = \sum_1^\infty c_n z^n \text{ eine ganze Funktion von } \frac{z}{1-z} \text{ definiert) als}$$

„Satz von Wigert" nicht die geringste Einbuße. Und da ich durch den vorliegenden Sachverhalt gezwungen war, auf jene Fußnote nochmals zurückzukommen, so möge man mir auch gestatten, auf diese Einwendungen etwas näher einzugehen. Der betreffende Satz war in Deutschland und vermutlich auch in dem nicht-schwedischen Ausland im wesentlichen durch die Fabersche Dissertation vom April 1902 und insbesondere durch deren teilweisen Abdruck in Band 57 (1903) der Mathematischen Annalen bekannt geworden, aus dem einfachen Grunde, weil die letzteren (und zwar nicht allein in Deutschland) sicherlich einen erheblich größeren Leserkreis besitzen dürften, als die schwedischen Akademie-Berichte mit der entsprechenden Wigertschen Publikation. Übrigens habe ich 1911 in einer größeren Arbeit[1]) Herrn Faber (abgesehen von einem früheren Teilresultat des Herrn Leau) ausdrücklich die Autorschaft des Satzes zugeschrieben, ohne daß jemals von irgend einer Seite Widerspruch dagegen erhoben worden wäre. Hiernach hätte es schon an und für sich recht sonderbar erscheinen müssen, daß auf S. 467 jenes Enzyklopädie-Artikels der volle Wortlaut des Satzes *im Text* als der *Satz von Wigert* erscheint, während es doch dem sonstigen Gebrauch entsprochen hätte, die inzwischen entdeckte *Priorität* des Herrn Wigert lediglich durch die Anordnung der Literaturangaben in der zugehörigen Fußnote 199 kenntlich zu machen. Aber weiter: in dieser Fußnote wird nichtsdestoweniger mitgeteilt, daß *erstens* der Teil des Satzes, der sich auf den *hinreichenden* Charakter der Bedingung bezieht, bereits durch die Herren Leau und Le Roy, *zweitens* deren *Notwendigkeit* durch die Herren Wigert *und* Carlson bewiesen worden sei. Ein einigermaßen kritischer Leser mag sich wohl selbst einen Vers daraus machen, in wieweit es der historischen Gerechtigkeit entspricht, jenen Satz schlechthin als *Satz von Wigert* zu bezeichnen. Aber die Folgen der fehlerhaften Namengebung bleiben nicht aus: auf S. 288 der Bieberbachschen Funktionentheorie Bd. II steht ohne jeden Kommentar als Paragraphen-Überschrift in wunderschönen großen Lettern: *§ 3. Der Satz von Wigert.* Daß es auch einen Leau, Le Roy, Faber, Carlson gegeben hat, braucht der Leser ja nicht zu wissen. Ebensowenig freilich (was auch ich nicht wußte, aber oben bereits abgebüßt habe), daß die wahren Verdienste des Herrn Wigert

---

[1]) Über einige funktionentheoretische Anwendungen der Eulerschen Reihentransformation. Dieser Berichte Jahrg. 1912, S. 11—92. — Vgl. insbesondere S. 40/1, Fußn. 2.

auf ganz anderem Gebiete liegen und daß schon aus diesem Grunde die Zuteilung gerade dieses völlig abseits liegenden Satzes als wenig glücklich erscheint.

Nach alledem scheint mir kein berechtigtes Bedürfnis vorgelegen zu haben, diesen nicht etwa häufig zitierten, aber mitarbeiterreichen Satz, nachdem er in den Kreisen der Funktionentheoretiker seit 20 Jahren eines ausreichend angesehenen anonymen Daseins sich erfreut hatte, dem überraschten Leser in nagelneuer Autorenaufmachung vorzusetzen, und ich erblicke in dieser Tatsache, trotz der gegenüber meiner früheren Auffassung (a. a. O. S. 350, Fußn. 2) wesentlich veränderten Situation, nach wie vor ein „lehrreiches Beispiel" für die Richtigkeit meiner These, daß die ständige Bereicherung der mathematischen Terminologie mit „Entdecker"-Sätzen der Bildung gerechter historischer Maßstäbe vielfach im Wege steht.

Zweiter Nachtrag zu Nr. II dieser Bemerkungen.

Auf S. 97 dieses Jahrgangs habe ich behauptet, daß der dort mit (B) bezeichnete, von Hadamard ausgesprochene, jedoch gewöhnlich Fabry zugeschriebene Satz:

(B) „Wenn der Grenzwert von $\dfrac{a_m}{a_{m+1}}$ existiert, so liefert er eine singuläre Stelle (sc. der Potenzreihe $\sum a_m x^m$)"

in der betreffenden Fabryschen Arbeit[1]) nicht zu finden sei und wohl von Hadamard herrühren müsse. Demgegenüber wurde mir von sehr vertrauenswürdiger Seite inzwischen mitgeteilt, daß der fragliche Satz *doch* bei Fabry stehe und zwar a. a. O. S. 380, Zeile 8—10. Der Satz (B) steht trotz alledem *keineswegs* bei Fabry. Dagegen steht an der genannten Stelle ein erheblich weiter reichender Satz, von dem der Satz (B) eine *wesentliche* Verschlechterung darstellt. Dieser *echte* Fabrysche Satz lautet in der Originalfassung (mit Zusatz der zum Verständnis unentbehrlichen Anfangsworte) folgendermaßen:

---

[1]) Näheres s. Fußn. 3, S. 96 meiner Arbeit.

Die Reihe $\sum \varrho_n e^{\omega_n i} z^n$ *hat die singuläre Stelle* $z = 1$,
wenn für unendlich viele m: $\lim\limits_{m \to \infty} \dfrac{1}{m} \lg \varrho_m = 0$ [1]) *und für alle*
unendlichen n $\lim\limits_{n \to \infty} |\omega_{n+1} - \omega_n| = 0$.

Oder, zum Vergleich, auch in der von mir benützten Schreib-
weise:

(C) *Die Reihe* $\sum a_\nu x^\nu \equiv \sum |a_\nu| \varrho_\nu x^\nu$ *hat die singuläre Stelle*

$x = 1$ *wenn*: 1) $\overline{\lim\limits_{\nu \to \infty}} |a_\nu|^{\frac{1}{\nu}} = 1$,   2) $\lim\limits_{\nu \to \infty} \dfrac{\varrho_\nu}{\varrho_{\nu+1}} = 1$.

Es ist evident, daß von diesem *richtigen Fabry schen* Satze
dessen Hadamardsche Form (B) bei $\lim\limits_{\nu \to \infty} \dfrac{a_\nu}{a_{\nu+1}} = 1$ nur einen
sehr speziellen Fall darstellt, aus dem überdies auch das entsprechende
Ergebnis bei *beliebigem* $\lim\limits_{\nu \to \infty} \dfrac{a_\nu}{a_{\nu+1}}$ nach bekannter Schlußweise unmittelbar hervorgeht. Daß ein so ausgezeichneter Mathematiker wie Hada-
mard sich mit dieser abgeschwächten Form (B) des Fabryschen
Satzes (C) begnügt hat, wird durch den Zusammenhang begreif-
lich, in welchem der Satz in seiner bekannten Schrift über die
Taylorsche Reihe[2]) erscheint: er soll ihm nur dazu dienen, die
Richtigkeit eines angeblich Lecornuschen (in Wahrheit freilich
falsch zitierten und infolgedessen völlig mißverstandenen[3])) Satzes
zu beweisen. Andererseits hat sich aber die Tatsache, daß an der
bezeichneten Stelle statt des vollständigen Fabryschen Satzes nur
der Teilsatz (B) vorkommt, recht unheilvoll ausgewirkt. Denn
während der wertvolle Inhalt jener Fabryschen Arbeit infolge
der leider sehr schwer genießbaren Darstellung wohl niemals
ganz vollständig ausgeschöpft worden und keineswegs in weitere
Kreise gelangt ist, so hat wohl jeder, der irgendwelches Interesse
für Funktionentheorie besitzt, die (in Fußn 2 dieser Seite zitierte)
Hadamardsche Schrift gelesen. Und so mußte es eben kommen,
daß schließlich nur die verschlechterte Hadamardsche Form (B)

---

[1]) Kürzer geschrieben: $\overline{\lim\limits_{n \to \infty}} \lg \varrho_n^{\frac{1}{n}} = 0$.

[2]) La série de Taylor et son prolongement analytique (Paris 1901), p. 25.

[3]) Vgl. meine Bemerkungen S. 95/96 dieses Jahrgangs.

des Fabryschen Satzes[1]), also an Stelle des Satzes (C) nur der folgende (vgl. S. 107, Nr. 5):

(I) *Die Reihe $\sum a_\nu\, x^\nu$ hat die singuläre Stelle $x = 1$, wenn:*

$$\lim_{\nu \to \infty} \frac{a_\nu}{a_{\nu+1}} = 1,$$

den Weg in die mathematische Öffentlichkeit gefunden hat.

Dabei erweist sich dieser Satz trotz seiner bestechend einfachen Fassung eigentlich als recht mangelhaft, nicht sowohl weil er doch lediglich einen sehr speziellen Fall des Satzes (C) darstellt, sondern vor allem deshalb, weil er (im Gegensatz zu dem letzteren) nicht den geringsten Anhaltspunkt dafür bietet, in wieweit jede einzelne der beiden Teilbedingungen, in welche die obige Voraussetzung sich spalten läßt, nämlich:

$$1) \quad \lim_{\nu \to \infty} \left| \frac{a_\nu}{a_{\nu+1}} \right| = 1, \qquad 2) \quad \lim_{\nu \to \infty} \frac{\varrho_\nu}{\varrho_{\nu+1}} = 1,$$

an der Erzeugung der singulären Stelle beteiligt ist[2]).

Hingegen hat mein Beweis des Satzes (I) gezeigt, daß die Singularität der Stelle $x = 1$ bestehen bleibt, wenn man die Bedingung 1) durch die folgende: $\lim\limits_{\nu = \infty} |a_\nu|^{\frac{1}{\nu}}$ ersetzt, mit anderen Worten, daß der ursprünglich für den Satz (I) bestimmte Beweis vollständig ausreicht, um den folgenden allgemeineren Satz zu beweisen (vgl. S. 114):

---

[1]) Auch der funktionentheoretische Enzyklopädie-Artikel II C 4 bringt auf S. 460 unter Nr. 45 nur den Hadamardschen Satz (B) (obschon in der zugehörigen Fußnote 185 auch die betreffende Fabrysche Arbeit zitiert ist — übrigens mit den falschen Seitenzahlen p. 107—114 statt p. 367—399).

[2]) Mir persönlich scheint sogar die *erste* dieser Bedingungen eine gewisse suggestive und zwar hier irreführende Macht zu besitzen. Es ist vielleicht nicht ganz unbelehrend, sich in diesem Zusammenhang die Fiktion vor Augen zu führen, es hätte ein zweiter „Lecornu" den durchaus „richtigen" Satz ausgesprochen: Die Potenzreihe $\sum a_\nu\, x^\nu$ hat den Konvergenzradius 1, wenn $\lim\limits_{\nu \to \infty} \dfrac{a_\nu}{a_{\nu+1}} = 1$. Und ein zweiter „Hadamard", der über Cauchys einschlägige Arbeiten *referierte*, hätte *ausschließlich* als Ergebnis der in Frage kommenden Cauchyschen Untersuchung nur den obigen „Lecornuschen", nicht aber den entsprechenden Satz mit $\lim\limits_{\nu \to \infty} \left| \dfrac{a_\nu}{a_{\nu+1}} \right| = 1$ erwähnt!

(II) *Die Reihe* $\sum a_\nu x^\nu$ *hat die singuläre Stelle* $x = 1$, *wenn:*

$$1)\quad \lim_{\nu \to \infty} |a_\nu|^{\frac{1}{\nu}} = 1, \qquad 2)\quad \lim \frac{c_\nu}{c_{\nu+1}} = 1,$$

ein Satz, der sich vom Fabryschen Satze (C) nur dadurch unterscheidet, daß *hier* in der Bedingung 1) $\lim = 1$, dort dagegen nur $\overline{\lim} = 1$ gefordert wird. Die Notwendigkeit dieser *verstärkten* Forderung entsprang, wie der Zusammenhang zeigt (s. S. 114, Zeile 1 — 4), aus dem Umstande, daß *bei der vorliegenden Auswahl der* p_λ aus $\overline{\lim_{\nu \to \infty}} |a_\nu|^{\frac{1}{\nu}} = 1$ *kein* Schluß auf das Verhalten von $\overline{\lim_{\lambda \to \infty}} |a_{p_\lambda}|^{\frac{1}{p_\lambda}}$ gezogen werden kann. Wir werden zeigen, daß diese Schwierigkeit durch eine andere Auswahl der p_λ beseitigt werden kann.

2. Gehen wir auf das Kriterium (1), S. 99 zurück, so wollen wir zunächst um die beabsichtigte Auswahl der p_λ (welche ja Multipla der ganzen Zahl $\frac{1}{\vartheta}$ sein sollen) möglichst zu vereinfachen $\vartheta = \frac{1}{2}$ setzen, sodaß also das Kriterium die Form annimmt:

$$(1')\quad \overline{\lim_{\lambda \to \infty}} |A_{p_\lambda}|^{\frac{1}{p_\lambda}} = 1, \text{ wo: } A_{p_\lambda} = \sum_{\frac{1}{2}p_\lambda}^{\frac{3}{2}p_\lambda} \frac{p_\lambda!\, p_\lambda!}{(2p_\lambda - \nu)!\, \nu!}\, a_\nu = \sum_{\frac{1}{2}p_\lambda}^{\frac{3}{2}p_\lambda} C_{p_\lambda,\,\nu}\, a_\nu$$

als hinreichende Bedingung dafür, daß die Reihe $\sum a_\nu x^\nu$ mit dem Konvergenzradius 1 die singuläre Stelle $x = 1$ hat. Dabei sind also die p_λ *gerade* Zahlen, welche der Bedingung zu genügen haben:

$$(2')\qquad \frac{p_{\lambda+1}}{p_\lambda} > 3, \quad \text{damit: } \tfrac{1}{2} p_{\lambda+1} > \tfrac{3}{2} p_\lambda.$$

Des weiteren lassen sich, wie jetzt gezeigt werden soll, die p_λ so auswählen, daß:

$$(3')\qquad \lim_{\lambda \to \infty} |a_{p_\lambda}|^{\frac{1}{p_\lambda}} = 1.$$

Man hat zunächst $\lim_{\nu \to \infty} |a_\nu|^{\frac{1}{\nu}} = 1$ und es besteht daher *mindestens eine* der beiden Beziehungen:

$$\overline{\lim_{\mu \to \infty}} |a_{2\mu-1}|^{\frac{1}{2\mu-1}} = 1, \qquad \overline{\lim_{\mu \to \infty}} |a_{2\mu}|^{\frac{1}{2\mu}} = 1.$$

Wir dürfen aber ohne Beschränkung der Allgemeinheit alle-
mal annehmen, daß die *zweite* besteht. Denn angenommen, es
bestände *nur* die *erste,* so betrachten wir statt der Reihe $\sum a_\nu x^\nu$
die mit x multiplizierte *gleichsinguläre* und setzen:

$$\sum a_\nu x^{\nu+1} = \sum a'_{\nu+1} x^{\nu+1}, \quad \text{wo:} \quad a'_{\nu+1} = a_\nu.$$

Man hat sodann:

$$\varlimsup_{\nu \to \infty} |a'_{\nu+1}|^{\frac{1}{\nu+1}} = \varlimsup_{\nu \to \infty} |a_\nu|^{\frac{1}{\nu+1}} = \varlimsup_{\nu \to \infty} |a_\nu|^{\frac{1}{\nu}}$$

und daher für $\nu = 2\mu - 1$:

$$\varlimsup_{\mu \to \infty} |a'_{2\mu}|^{\frac{1}{2\mu}} = \varlimsup_{\mu \to \infty} |a_{2\mu-1}|^{\frac{1}{2\mu-1}} = 1,$$

womit die ausgesprochene Behauptung bewiesen ist.

Hiernach dürfen wir also jetzt voraussetzen, daß für unsere
Reihe $\sum a_\nu x^\nu$:

$$\varlimsup_{\mu \to \infty} |a_{2\mu}|^{\frac{1}{2\mu}} = 1.$$

Dann enthält nach einem bekannten Satze[1]) die Folge $|a_{2\mu}|^{\frac{1}{2\mu}}$
($\mu = 1, 2, 3, \ldots$) mit dem *oberen* Limes 1 eine monotone Teil-
folge $|a_{2n_\nu}|^{\frac{1}{2n_\nu}}$ mit dem *Limes* 1, sodaß also:

$$\lim_{\nu \to \infty} |a_{2n_\nu}|^{\frac{1}{2n_\nu}} = 1.$$

Hebt man dann schließlich aus der Folge der geraden Zahlen $2n_\nu$ eine Teilfolge heraus, bei der jedes Glied (abgesehen
vom ersten) mehr als das 3 fache des unmittelbar vorhergehenden
beträgt, so besitzen diese Zahlen genau die von den p_λ geforderten
Eigenschaften einschließlich der oben behaupteten, durch Gl. (3′)
dargestellten.

3. Die in meiner Mitteilung II abgeleiteten Sätze von Nr. 2,
3 (S. 100/1), 4 (S. 107) lassen sich *mutatis mutandis* auch auf
die neuen p_λ, A_{p_λ} bei $\vartheta = \frac{1}{2}$ übertragen. Das ist ganz unmittelbar ersichtlich bei dem Satze am Schlusse von Nr. 2, wenn man,
wie dort, noch die Beziehung $\varlimsup_{\lambda \to \infty} |\Re(a_{p_\lambda})|^{\frac{1}{p_\lambda}} = 1$ in die Voraus-

---

[1]) Vgl. z. B. meine Vorlesungen über Zahlenlehre, Abt. I, S. 217, Nr. 2.

setzung aufnimmt. Es ergibt sich aber auch bezüglich des Satzes von Nr. 3, wenn man beachtet, daß die auf die Ungleichungen (3), (4) bei $\vartheta = \frac{1}{2}$ folgende, dort auf der Voraussetzung $\dfrac{p_\lambda + 1}{p_\lambda} \geq 2$ beruhende Abschätzung *a fortiori* im Falle $\dfrac{p_\lambda + 1}{p_\lambda} > 3$ gilt. Daraus folgt dann aber auch unmittelbar die Gültigkeit des Satzes von Nr. 4, „des Fabryschen Kriteriums".

Dies vorausgeschickt läßt sich aber zeigen, daß der Beweis des Satzes von Nr. 5 (S. 107):

„*Ist* $\lim\limits_{\nu \to \infty} \dfrac{a_\nu}{a_{\nu}+1} = 1$, *so hat die Reihe* $\sum a_\nu\, x^\nu$ *die singuläre Stelle* $x = 1$", durch die Einführung der neuen p_λ noch *stichhaltig* bleibt, wenn man

$$\text{\textit{die Voraussetzung:} } \lim_{\nu \to \infty} \frac{a_\nu}{a_\nu + 1} = 1$$

durch die beiden folgenden: $\overline{\lim\limits_{\nu \to \infty}} \, |\, a_\nu\,|^{\frac{1}{\nu}} = 1, \; \lim\limits_{\nu \to \infty} \dfrac{c_\nu}{c_\nu + 1} = 1$

ersetzt.

Verfolgt man nämlich den fraglichen Beweis, so werden, wie ja schon in dem „Nachtrag zu Nr. II" auf S. 113/4 zu lesen ist, von der Voraussetzung $\lim\limits_{\nu \to \infty} \dfrac{a_\nu}{a_\nu + 1}$ nur die beiden Teilfolgerungen benützt:

$$\lim_{\nu \to \infty} |\, a_\nu\,|^{\frac{1}{\nu}} = 1, \qquad \lim_{\nu \to \infty} \frac{c_\nu}{c_\nu + 1} = 1,$$

deren erste sogar nur unvollkommen. Sie mag auf S. 107 dazu dienen, implizite den Konvergenzradius 1, ferner die Beziehung $a_\nu \neq 0$ (zum mindesten von einer bestimmten Stelle ab) zu sichern. Das erstere würde indessen schon die geringere Forderung $\overline{\lim\limits_{\nu \to \infty}} \, |\, a_\nu\,|^{\frac{1}{\nu}}$ besorgen, das andere leistet die Voraussetzung $\lim\limits_{\nu \to \infty} \dfrac{c_\nu}{c_\nu + 1} = 1$, welche ja (zum mindesten von einer bestimmten Stelle ab) das Vorhandensein *aller* c_ν, also auch die Existenz der zugehörigen $|\, a_\nu\,| > 0$ verbürgt[1]).

---

[1]) Das analoge leistet bei der Fabryschen Bezeichnung (s. oben) die Beziehung: $\lim\limits_{n \to \infty} |\, \omega_{n+1} - \omega_n\,| = 1$.

Sonst kommt jene Bedingung nur noch am Schluß des fraglichen Beweises, S. 112, Gl. (20), als Grundlage des speziellen Falles $\lim\limits_{\lambda \to \infty} |a_{p_\lambda}|^{\frac{1}{p_\lambda}}$ in Betracht. Da dieser nunmehr unabhängig davon durch die neue Wahl der p_λ gesichert ist, so wird sie gänzlich überflüssig. Mithin genügt jetzt jener Beweis dazu, statt des zwar besonders wohlklingenden, aber in gewissem Sinne irreführenden, nur einem unglücklichen Zufall seine Existenz und Popularität verdankenden Hadamardschen Satzes den folgenden Fabryschen zu begründen:

Die Reihe $\sum a_\nu x^\nu \equiv \sum |a_\nu| \, c_\nu \, x^\nu$ *hat die singuläre Stelle* $x = 1$, *wenn:*

$$\overline{\lim_{\nu \to \infty}} \, |a_\nu|^{\frac{1}{\nu}} = 1, \qquad \lim_{\nu \to \infty} \frac{c_\nu}{c_{\nu+1}} = 1.$$

Oder auch:

Die Reihe $\sum a_\nu x^\nu$ *mit dem Konvergenzradius* 1 *hat die singuläre Stelle* $x = 1$, *wenn:*

$$\lim_{\nu \to \infty} \frac{a_\nu}{|a_\nu|} \cdot \frac{|a_{\nu+1}|}{a_{\nu+1}} = 1.$$

4. Der vorstehende Satz gestattet noch insofern eine gewisse Verallgemeinerung, als man ihn von der (implizite in der Voraussetzung enthaltenen) Einschränkung $a_\nu \neq 0$ (zum mindesten etwa für $\nu \geq n$) befreien kann. Hiezu hat man zunächt nur zu beachten, daß bei der neuen Bestimmung der p_λ, sowie auch in den vorbereitenden Sätzen zu unserem Hauptsatz von Nr. 5 (S. 100—107) einschließlich des „Fabryschen Kriteriums" (A) von einer solchen Einschränkung gar keine Rede ist.

Bezeichnet man sodann die Koeffizienten der fraglichen Potenzreihe jetzt mit a_{k_ν} statt mit a_ν, wo (k_ν) eine Folge *beliebig* wachsender natürlicher Zahlen vorstellt und durchweg $a_{k_\nu} \neq 0$ vorausgesetzt wird, so hat man nur die frühere Bedingung: $\lim\limits_{\nu \to \infty} \overwidehat{c_\nu \, c_{\nu+1}} = 0$ (S. 108, Gl. (16); S. 113, Gl. (6)) durch die folgende: $\lim\limits_{\nu \to \infty} \overwidehat{c_{k_\nu} \, c_{k_{\nu+1}}} = 0$, anders geschrieben: $\lim\limits_{\nu \to \infty} \frac{c_{k_\nu}}{c_{k_{\nu+1}}} = 1$, zu ersetzen, um den Beweis genau so, wie zuvor, durchführen zu können.

Anstatt die Richtigkeit dieser Aussage durch nochmalige Überprüfung jenes früheren Beweises zu bestätigen, kann man auch durch passende *Ausfüllung* der in der Reihe $\sum a_{k_\nu} x^{k_\nu}$ voraussetzungsgemäß enthaltenen unendlich vielen *Lücken* das fragliche Ergebnis als unmittelbare Folge des Satzes von Nr. 3 gewinnen. Bezeichnet man mit a_μ die in der Folge der a_{k_ν} *fehlenden* Koeffizienten und verfügt zunächst über $|a_\mu|$ in der Weise, daß die Reihe $\sum a_\mu x^\mu$ einen Konvergenzradius > 1 hat, so ist die durch Addition von $\sum a_\mu x^\mu$ zu $\sum a_{k_\nu} x^{k_\nu}$ hergestellte *lückenlose* Reihe $\sum a_\nu x^\nu$ mit der ursprünglichen auf dem Einheitskreise *gleichsingulär*. Setzt man ferner $a_\mu = |a_\mu|\, e_\mu$ und sodann:

$$e_\mu = e_{k_\nu} \quad \text{für:} \quad k_\nu < \mu < k_{\nu+1},$$

so wird:

$$\frac{e_\mu}{e_{\mu+1}} = 1 \quad \text{für:} \quad \mu = k_\nu,\ k_\nu + 1,\ \ldots k_{\nu+1} - 2,$$

andererseits:

$$\frac{e_{k_{\nu+1}-1}}{e_{k_{\nu}+1}} = \frac{e_{k_\nu}}{e_{k_\nu+1}}, \quad \text{also:} \quad \lim_{\nu \to \infty} \frac{e_{k_{\nu+1}-1}}{e_{k_\nu+1}} = 1.$$

Hiernach findet für die *lückenlose* Reihe $\sum a_\nu x^\nu$ die Beziehung $\lim\limits_{\nu \to \infty} \dfrac{e_\nu}{e_{\nu+1}} = 1$ statt, die Stelle $x = 1$ ist daher für sie selbst und die mit ihr gleichsinguläre Reihe $\sum a_{k_\nu} x^{k_\nu}$ eine *singuläre*. Somit ergibt sich, wie oben behauptet:

Hat die Reihe $\sum a_{k_\nu} x^{k_\nu}$ (wo (k_ν) eine Folge beliebig wachsender natürlicher Zahlen und durchweg $a_{k_\nu} \neq 0$) den Konvergenzradius 1, so hat sie auch die singuläre Stelle $x = 1$, wenn:

$$\lim_{\nu \to \infty} \frac{e_{k_\nu}}{e_{k_\nu+1}} = 1.$$

Der vorstehende Satz besagt also, daß die Reihe die singuläre Stelle $x = 1$ hat, wenn das Verhältnis je zweier konsekutiver Einheitsfaktoren gegen 1 konvergiert. Sind die a_{k_ν} *reell*, in welchem Falle die Einheitsfaktoren nur $+1$ oder -1 sein können, bedeutet dies nicht mehr und nicht weniger, als daß alle Koeffizienten zum mindesten von einer bestimmten Stelle ab *gleiches*

Vorzeichen haben, mit anderen Worten, der Satz fällt dann mit dem ehemals Vivantischen zusammen. Der obige allgemeine Satz erweist sich also als eine ganz direkte Verallgemeinerung des letzteren.

Zum Schluß noch die folgende Bemerkung. Der auf die (zum mindesten *schließlich*) „lückenlose" Reihe $\sum a_\nu x^\nu$ bezügliche Satz am Schlusse von Nr. 3 gestattet nach bekannter Schlußweise (nämlich mit Hilfe der Substitution $x = r \, \mathfrak{e} \, y$) die folgende Verallgemeinerung:

Hat die Reihe $\sum a_\nu \, x^\nu \equiv \sum |a_\nu| \, \mathfrak{e}_\nu \, x^\nu$ *den Konvergenzradius* r *und ist:*

$$\lim \frac{\mathfrak{e}_\nu}{\mathfrak{e}_{\nu+1}} = \mathfrak{e},$$

so hat sie die singuläre Stelle $x = r \, \mathfrak{e}$.

Dagegen ist zu beachten, daß bei einer mit *unendlich vielen Lücken* behafteten Reihe $\sum |a_{k_\nu}| \, \mathfrak{e}_{k_\nu} \, x^{k_\nu}$, falls sie den Konvergenzradius $r \neq 1$ besitzen sollte, zwar im Falle $\lim\limits_{\nu \to \infty} \frac{\mathfrak{e}_\nu}{\mathfrak{e}_{\nu+1}} = 1$ die Singularität der Stelle $x = r$ mit Hilfe der Substitution $x = r y$ resultiert, daß aber andererseits im Falle $\lim\limits_{\nu \to \infty} \frac{\mathfrak{e}_\nu}{\mathfrak{e}_{\nu+1}} = \mathfrak{e}$ *nicht* etwa auf analogem Wege auf die Singularität der Stelle $x = r \, \mathfrak{e}$ geschlossen werden kann.

Einfaches Beispiel: Man setze $k_\nu = 2\nu$, $\mathfrak{e}_{k_\nu} = \mathfrak{e}^{-\nu}$. Für die Reihe $\sum\limits_0^\infty \mathfrak{e}^{-\nu} x^{2\nu}$ besteht dann die Beziehung: $\dfrac{\mathfrak{e}_{k_\nu}}{\mathfrak{e}_{k_{\nu+1}}} \equiv \dfrac{\mathfrak{e}^{-\nu}}{\mathfrak{e}^{-(\nu+1)}} = \mathfrak{e}$. Da sie andererseits die Summe $\dfrac{\mathfrak{e}}{\mathfrak{e} - x^2}$ besitzt, so hat sie auf dem Einheitskreise ausschließlich die beiden singulären Stellen $x = \pm \, \mathfrak{e}^{\frac{1}{2}}$.